在家做
天然低热量
冰淇淋

彭依莎◎主编

U0242028

中国纺织出版社

图书在版编目（CIP）数据

在家做天然低热量冰淇淋 / 彭依莎主编 . -- 北京：
中国纺织出版社，2019.7
ISBN 978-7-5180-6096-2

Ⅰ . ①在… Ⅱ . ①彭… Ⅲ . ①冰激凌—制作 Ⅳ .
① TS277

中国版本图书馆 CIP 数据核字（2019）第 063567 号

责任编辑：舒文慧　　责任校对：楼旭红　　责任印制：王艳丽

中国纺织出版社出版发行
地址：北京市朝阳区百子湾东里 A407 号楼　邮政编码：100124
销售电话：010 － 67004422　传真：010 － 87155801
http://www.c-textilep.com
E-mail: faxing@c-textilep.com
中国纺织出版社天猫旗舰店
官方微博 http://weibo.com/2119887771
深圳市雅佳图印刷有限公司印刷　各地新华书店经销
2019 年 7 月第 1 版　第 1 次印刷
开本：710×1000　1/16　印张：10
字数：87 千字　定价：49.80 元

CONTENTS
目录

CONTENTS
目录

第3部分
缤纷魔法，多彩冰淇淋

第 1 部分

快速入门，
冰淇淋基础篇

各种小工具，
常见的原材料，
在制作冰淇淋之前，
了解它们将会让你事半功倍！

常见的冰淇淋原料

冰淇淋给人的记忆总是甜蜜与快乐的，试想听着优美的音乐，吃一勺柔滑细腻的冰淇淋，是何等的舒适惬意！那么，如此迷人的冰淇淋是由什么原料制成的呢？下面一起来了解一下制作冰淇淋的基本原料吧！

牛奶

牛奶是制作冰淇淋最常见的原料之一。若家中暂时没有备好鲜牛奶，可以就近购买并使用包装牛奶等。一般来说，加入鲜牛奶的冰淇淋口感更香醇、细腻，相对来说营养价值也更高。

奶油

奶油是制作冰淇淋的主要原料之一，通常分为动物性奶油和淡奶油。动物性奶油又称为淡奶油，是从天然牛奶中提炼的，味道较为香醇，但不易打发。淡奶油是以植物油、水、盐、奶粉加工而成的，极易打发。

鸡蛋

制作冰淇淋时普遍会用到鸡蛋，因为鸡蛋黄能够在水与脂肪相混合时起到天然乳化剂的作用，能够使各种成分混合均匀，还能提升冰淇淋成品的口感和色泽。

糖

这里所说的糖大多是指糖粉。制作冰淇淋时可以依据个人口味酌量增加或减少糖的含量，也可以按照标准刻度来调节其含量。糖添加过多，则成品过于甜腻，冰淇淋不易冻结成形；若添加过少，则会导致冰淇淋的口感过硬。

坚果

坚果用途广泛，添加到冰淇淋中，可使冰淇淋的口感和香味发生很大的变化。此外，添加了坚果的冰淇淋不仅口感好，还增加了其营养价值。

水果

苹果、香蕉、橙子、菠萝、蓝莓、草莓、柠檬、椰果等水果富含水分、维生素、矿物质等成分，都是制作冰淇淋的好选择。

制作冰淇淋的常用工具

　　无论是燥热的夏天，还是寒冷的冬天，冰淇淋总是受人欢迎的美食伴侣。但是你可知道，如此美味的冰淇淋背后有着很多大大小小的"功臣"，只有了解这些"功臣"，我们才能做出口味浓郁纯正的冰淇淋。

秤

　　秤是测量物体质量的衡器，是制作冰淇淋必备的工具。秤可分为刻度秤（普通秤）、电子秤两种。在制作冰淇淋等要求精确原料用量的食物时，建议使用电子秤，因为其相对于刻度秤来讲，精度更高，称量范围可精确至1克。

计量杯

　　计量杯是透明的，既可以是塑料材质，也可以是玻璃材质。普通塑料材质的计量杯用过一段时间或者经过热胀冷缩后，其刻度可能会变得模糊，所以通常建议选用玻璃材质的计量杯。

盆

　　这里所讲的盆为不锈钢材质的盆，这是为了方便搅拌原料以及隔水加热，或者放入冰箱中长时间冷冻。此外，不锈钢材质的盆也比较方便清洗。

打蛋器（搅拌器）

　　打蛋器分为手动打蛋器和电动打蛋器。手动打蛋器通常为不锈钢材质，主要用于打蛋、打发奶油以及搅拌原料。电动打蛋器的主要功能和手动打蛋器相同，其优点在于比手动打蛋器要更省时省力，使用更方便。

搅拌机

　　搅拌机的工作原理是靠搅拌杯底部的刀片高速旋转，在水流的作用下把食物反复打碎。在制作冰淇淋时，如果需要用到果汁、果泥，就少不了搅拌机。

挖球器

　　在冰淇淋冷冻成形，从冰箱中取出时，使用冰淇淋挖球器能够挖出更加美观的冰淇淋球或者其他形状的冰淇淋成品。

冰淇淋的 8 种常见搭配组合

在甜品中就数冰淇淋最容易打动女孩们的芳心，从外形上就能"俘获"一大波甜品控，再搭配上其他的美食，魅力更是不可抵挡！

冰淇淋+曲奇

曲奇的香脆和冰淇淋的软滑相得益彰，这也是最简便的搭配法则。首先你要备好曲奇，然后再挖取冰淇淋，接着随便怎么搭配在一起都是"天生一对"。

冰淇淋+松饼

冰淇淋加松饼是比较常见的组合，在大小咖啡店、甜品店都有销售。冰淇淋松饼的搭配重点在于如何摆盘，使用不同口味的冰淇淋并巧妙搭配颜色。

冰淇淋+蛋糕

用最喜欢的冰淇淋和蛋糕做出的条纹冰淇淋蛋糕，只需要把冰淇淋夹在蛋糕中压好，并把边缘部分切割整齐即可。如果牙好、胃好并且追求刺激，还可以把蛋糕加热后夹入冰淇淋再送入口中哦。

冰淇淋+比萨

一张没有放佐料的比萨皮烤好之后，趁热在上边抹上一层厚厚的冰淇淋，还可以加入各种配料，口感非常特别。比萨较为厚硬，因此可选用口感较稠密的冰淇淋，口味也建议选择更浓厚的，如巧克力口味，这样会使整体的口感更赞。

冰淇淋+可乐

冰淇淋与可乐是经典搭配，也可以把可乐换成雪碧、七喜等其他汽水，口感一样很棒。

冰淇淋+派

　　冰淇淋派的做法跟冰淇淋比萨相似，但是派的口味相对清爽，使用酸奶香草等稍微清甜口味的冰淇淋会更加美味。

冰淇淋+咖啡

　　也叫雪顶咖啡。如果冰淇淋比较浓厚，建议挖成球状放入咖啡中，用量以刚好半浮在咖啡上面为佳。

冰淇淋+棉花糖

　　在冰淇淋上加糖果、巧克力豆或棉花糖，自由搭配随意设计，缤纷的色彩一定能吸引小朋友和有童心的大人们。如果是在相对较硬的冰淇淋上面放置，可以稍微解冻一下使其软化，接着就把备好的糖果点缀上去即可。

冰淇淋的装盘与装饰

冰淇淋制作好以后，选择漂亮的容器进行盛装，或者用漂亮的装饰物进行装饰，就能让冰淇淋的"颜值"大大提升。

奶油裱花

将鲜奶油打发后挤在冰淇淋表面，做出不同的造型，可使冰淇淋的"颜值"大大提升。也可以在鲜奶油中加入抹茶粉等材料，制成不同颜色的奶油进行装饰。

球形

用挖球器将冻好的冰淇淋挖成球，放入盘中或者冰淇淋底座中，都很漂亮。如果制作多彩冰淇淋，还可以制造出彩虹效果。

小旗子

各种颜色丰富的小旗子，可以插在挖成球状的冰淇淋上，使冰淇淋更加好看。小旗子可以在超市购买，还可以自己用牙签和彩色的胶布制作。

饼干棒

各种饼干棒，在提升冰淇淋口感的同时，还可以插在冰淇淋的表面作为装饰，饼干棒选择空心的蛋卷类饼干会更好看。

吸管

彩色的塑料管可以直接插在冰淇淋表面进行装饰。如果是透明的塑料管，可以在塑料管表面缠绕上彩色的胶布进行改造。

鲜果

小颗粒的蓝莓、树莓等水果，可以直接撒在冰淇淋的表面进行装饰；大一些的水果，如草莓、橙子、猕猴桃等，可以切成不同的形状进行装饰。

第 2 部分

怀旧经典，
基础款冰淇淋

冰淇淋的花样越来越繁多，
但是那些经典款的冰淇淋，
并没有因此而黯淡无光，
它纯正的口味、细腻的口感征服了无数人的童年，
给生活带来了甜蜜和快乐。

焦糖冰淇淋

熬制成金黄色的焦糖，
还可以加入海盐，
每一次的品尝都是享受。

原料（2~3人份）

牛奶··················300毫升
淡奶油··················300克
糖粉··················150克
蛋黄····················2个
玉米淀粉················15克
焦糖··················适量

工具

搅拌器····················1个
电动搅拌器················1个
挖球器····················1个
温度计····················1个
保鲜盒····················1个
保鲜膜··················适量

制作方法

1 奶锅中倒入玉米淀粉和牛奶，开小火，用搅拌器搅拌均匀，用温度计测温，煮至80℃关火，倒入糖粉，搅拌均匀，制成奶浆（图1）。

2 玻璃碗中倒入蛋黄，用搅拌器打成蛋液，待奶浆温度降至50℃，倒入蛋液中，拌匀。

3 倒入淡奶油，搅拌均匀，放入焦糖，用电动搅拌器打匀，制成冰淇淋浆（图2）。

4 将冰淇淋浆倒入保鲜盒，封上保鲜膜，放入冰箱冷冻5小时至定形，取出冻好的冰淇淋，撕去保鲜膜，挖成球状，装碟即可。

甜蜜小贴士

如果没有焦糖，可以换成蜂蜜，同样美味。

* 焦糖

　　又称焦糖色、酱色，是用饴糖、蔗糖等加热到高温（约170℃）而成的琥珀色液体，既可以调节甜品的颜色，还可以提升冰淇淋的口感。

酸奶冰淇淋

又叫优格冰淇淋，
低脂、低糖。

原料（2~3人份）

牛奶·····················300毫升

淡奶油·····················300克

糖粉·······················150克

蛋黄·························2个

玉米淀粉·····················15克

酸奶·····················100毫升

工具

搅拌器·······················1个

电动搅拌器···················1个

挖球器·······················1个

温度计·······················1个

保鲜盒·······················1个

保鲜膜·······················适量

甜蜜小贴士

　　酸奶（yogurt）口味酸甜、营养丰富，是以牛奶为原料，经有益菌发酵形成的奶制品。把冰淇淋浆倒入保鲜盒后可撇去泡沫，以保证冻出来的成品外形美观。

制作方法

1 锅中倒入玉米淀粉，加入牛奶，开小火，用搅拌器搅拌均匀，用温度计测温，煮至80℃关火，倒入糖粉，搅拌均匀，制成奶浆。

2 玻璃碗中倒入蛋黄，用搅拌器打成蛋液（图1）。

3 待奶浆温度降至50℃后倒入蛋液中，加入淡奶油，搅拌均匀，再倒入酸奶，用电动搅拌器打匀，制成冰淇淋浆。

4 将冰淇淋浆倒入保鲜盒，封上保鲜膜，放入冰箱冷冻5小时至定形，取出冻好的冰淇淋，撕去保鲜膜，用挖球器将冰淇淋挖成球状，装入碟中即可。

扫码看视频

原味奶香冰淇淋

奶香十足，简单顺滑，
自己在家做，想吃多少就可以做多少。

原料（2~3人份）

淡奶油	250克
奶粉	20克
蛋黄	2个
糖粉	45克
清水	适量

工具

搅拌器	1个
电动搅拌器	1个
挖球器	1个
保鲜盒	1个
保鲜膜	适量

制作方法

1 蛋黄装入碗中，加入糖粉，用搅拌器搅拌均匀，再加入奶粉，用电动搅拌器打至发白、黏稠，最后加入少许清水，搅拌均匀。

2 把整个碗隔水加热，边加热边搅拌均匀，加热到鸡蛋液微微沸腾时，关火，取出碗冷却，待用。

3 将淡奶油置于另一个碗中，用电动搅拌器隔冰块打发，倒入已经冷却的蛋液中，继续搅拌均匀。

4 装入保鲜盒中，封上保鲜膜，放入冰箱冷冻，每2小时取出搅拌1次，重复操作3~4次即可。

5 取出冻好的冰淇淋，撕去保鲜膜，用挖球器将冰淇淋挖成球状，装入碟中即可。

椰奶冰淇淋

浓浓的椰奶香气融入清凉的冰淇淋之中，
甘甜可口，
是夏天的一个不错选择！

原料（2~3人份）

蛋黄	2个
牛奶	300毫升
椰奶	100毫升
淡奶油	200克
糖粉	75克
玉米淀粉	10克

工具

搅拌器	1个
电动搅拌器	1个
温度计	1个
挖球器	1个
保鲜膜	适量
保鲜盒	1个

制作方法

1 将玉米淀粉、牛奶倒入锅中，边煮边搅拌，用温度计测温，煮至80℃关火，制成奶液。

2 玻璃碗中倒入蛋黄，用搅拌器打成蛋液，加入椰奶，倒入淡奶油，搅拌均匀，制成蛋黄椰浆。

3 奶液中倒入糖粉，搅拌混合均匀，制成奶浆（图1）。

4 蛋黄椰浆中加入奶浆，用电动搅拌器打发成冰淇淋浆，倒入保鲜盒，封上保鲜膜，放入冰箱冷冻5小时至定形，取出，撕去保鲜膜，挖成球状即可。

甜蜜小贴士

冰淇淋一般冷冻1小时后可取出搅拌数下再继续冷冻，这样可使冰淇淋更蓬松，口感更好。

扫码看视频

抹茶冰淇淋

冰淇淋怎么能少得了抹茶?
这搭配不会过分甜腻,
清爽得像夏日的微风!

原料(2~3人份)

牛奶·····················300毫升

淡奶油····················300克

糖粉·······················150克

蛋黄·························2个

抹茶粉······················20克

玉米淀粉····················10克

工具

搅拌器······················1个

温度计······················1个

挖球器······················1个

保鲜膜·····················适量

保鲜盒······················1个

制作方法

1 锅中倒入抹茶粉,加入玉米淀粉、牛奶,开小火,搅拌均匀,用温度计测温,煮至80℃关火,制成抹茶糊。

2 玻璃碗中倒入蛋黄,用搅拌器打成蛋液,倒入抹茶糊,加入糖粉,搅拌均匀,再倒入淡奶油,搅拌均匀,制成冰淇淋浆(图1)。

3 将冰淇淋浆倒入保鲜盒,封上保鲜膜,放入冰箱冷冻5小时至定形。

4 取出冻好的冰淇淋,撕去保鲜膜,用挖球器将冰淇淋挖成球状,将冰淇淋球装碟即可(图2)。

扫码看视频

* 抹茶粉

抹茶粉是一种新鲜、营养的茶叶粉末，因其天然的鲜绿色泽，备受人们喜爱。抹茶粉含有茶多酚、叶绿素、蛋白质、膳食纤维、维生素C、B族维生素、钾、钙等营养成分。

豆浆酸奶冰淇淋

满满的豆浆味，
感受健康自然的清新滋味！

原料（2~3人份）

牛奶·······················300毫升
淡奶油·······················300克
蛋黄··························· 2个
酸奶························ 150毫升
玉米淀粉······················ 15克
熟豆浆······················ 150毫升
糖粉······················· 150克

工具

搅拌器·························· 1个
电动搅拌器····················· 1个
挖球器·························· 1个
温度计·························· 1个
保鲜盒·························· 1个
保鲜膜························ 适量

制作方法

1 锅中倒入玉米淀粉，加入牛奶，开小火，用搅拌器搅拌均匀，用温度计测温，煮至80℃关火，倒入糖粉，搅拌均匀，制成奶浆。

2 玻璃碗中倒入蛋黄，用搅拌器打成蛋液。

3 待奶浆温度降至50℃，倒入蛋液中，搅拌均匀，倒入淡奶油，搅拌均匀，制成浆汁，待用。

4 另一玻璃碗中倒入酸奶、熟豆浆、浆汁，用电动打蛋器搅拌均匀，制成冰淇淋浆，倒入保鲜盒，封上保鲜膜，放入冰箱冷冻5小时至定形，取出，撕去保鲜膜，将冰淇淋挖成球状即可。

甜蜜小贴士

豆浆是中国的传统饮品，富含营养，易于消化。豆浆富含植物蛋白、磷脂、铁、钙、B族维生素等营养成分。

扫码看视频

蜂蜜冰淇淋

这款冰淇淋入口即融，口感细腻柔滑，
有蜂蜜的香甜风味，清凉可口。

原料（2~3人份）

牛奶	300毫升
淡奶油	300克
蛋黄	2个
玉米淀粉	15克
蜂蜜	100克
糖粉	150克

工具

搅拌器	1个
电动搅拌器	1个
挖球器	1个
温度计	1个
保鲜盒	1个
保鲜膜	适量

制作方法

1 锅中倒入玉米淀粉，加入牛奶，开小火，用搅拌器搅拌均匀，用温度计测温，煮至80℃关火，倒入糖粉，搅拌均匀，制成奶浆。

2 玻璃碗中倒入蛋黄，用搅拌器打成蛋液，待奶浆温度降至50℃，倒入蛋液中，搅拌均匀。

3 倒入淡奶油，搅拌均匀，制成浆汁，加入蜂蜜，用电动搅拌器打发均匀，制成冰淇淋浆（图1）。

4 将冰淇淋浆倒入保鲜盒，封上保鲜膜，放入冰箱冷冻5小时至定形，取出冻好的冰淇淋，撕去保鲜膜，将冰淇淋挖成球状，装碟即可。

扫码看视频

冰淇淋蛋卷

脆脆的蛋卷和清凉的冰淇淋，
真是绝妙的美味配搭。

原料（2~3人份）

打发淡奶油·················150克
牛奶····················300毫升
蛋黄·······················4个
巧克力····················35克
蛋卷·······················3个
糖粉······················60克
草莓汁···················40毫升
芒果汁···················40毫升

工具

搅拌器······················1个
电动搅拌器···················1个
挖球器······················1个
温度计······················1个
保鲜盒······················1个
保鲜膜·····················适量
筛网·······················1个

制作方法

1 蛋黄中加入糖粉打发，慢慢倒入加热过的牛奶并不断搅拌。

2 将鸡蛋牛奶液均分成3份，分别放入小锅中，其中1份加巧克力，边搅拌边加热至85℃，用筛网过滤，再隔冰水冷却至50℃。

3 每份液体中分别加入等量打发的淡奶油，搅拌均匀，并在没有加巧克力的2份液体中分别加入草莓汁和芒果汁，搅拌均匀，制成冰淇淋液。

4 将3份冰淇淋液放入冰箱冷冻，每隔2小时取出搅拌，重复操作3~4次。取出冻好的冰淇淋，挖球，放在备好的蛋卷上即可。

巧克力冰淇淋

冰淇淋里最经典的口味之一，
香醇浓郁，略带苦味。

原料（2~3人份）

牛奶······················300毫升

淡奶油······················300克

蛋黄······························2个

玉米淀粉····················15克

糖粉··························150克

巧克力酱····················200克

工具

奶锅···························1个

搅拌器··························1个

电动搅拌器·····················1个

挖球器··························1个

保鲜盒··························1个

温度计··························1个

保鲜膜··························适量

碟·····························2个

甜蜜小贴士

巧克力酱（Chocolate Cream）是以可可粉、牛奶为原料制作而成的甜品，也可以作为调味酱使用。可在冻好的冰淇淋上撒适量巧克力碎，使口感更丰富。

制作方法

1 锅中倒入玉米淀粉，加入牛奶，开小火，用搅拌器搅拌均匀，用温度计  测温，煮至80℃关火，倒入糖粉，搅拌均匀，制成奶浆（图1）。

2 玻璃碗中倒入蛋黄，用搅拌器打成蛋液。

3 待奶浆温度降至50℃，倒入蛋液中，搅拌均匀，倒入淡奶油，搅拌均匀，倒入巧克力酱，用电动搅拌器打匀，制成冰淇淋浆。

4 将冰淇淋浆倒入保鲜盒，封上保鲜膜，放入冰箱冷冻  5小时至定形，取出冻好的冰淇淋，撕去保鲜膜，将冰淇淋挖成球状，装碟即可（图2）。

扫码看视频

奥利奥酸奶冰淇淋

冰淇淋中夹杂着奥利奥饼干碎，
舌尖感受到冰淇淋顺滑的同时，还能感受到不一样的颗粒感！

原料（2~3人份）

牛奶……………………200毫升

淡奶油…………………150克

蛋黄……………………2个

玉米淀粉………………15克

奥利奥饼干……………适量

糖粉……………………70克

工具

搅拌器…………………1个

电动搅拌器……………1个

挖球器…………………1个

保鲜盒…………………1个

保鲜膜…………………适量

制作方法

1 将蛋黄倒入玻璃碗中，加35克糖粉打发，再放入玉米淀粉，充分搅拌均匀。

2 牛奶和淡奶油混合后，放入奶锅中加热，加入剩余的糖粉，搅至融化，关火，倒入蛋黄混合液，搅拌均匀后，用小火加热至浓稠，关火放凉，制成冰淇淋液。

3 取奥利奥饼干，放入保鲜袋中，压碎。

4 冰淇淋液中放入饼干碎，搅拌均匀后倒入保鲜盒中，封上保鲜膜放入冰箱冷冻，每隔2小时取出搅拌，重复3~4次，取出冻好的冰淇淋，挖成球即可。

甜蜜小贴士

　　奥利奥是一款众人熟知的饼干，且深受人们的喜爱。据说，将全世界销售的奥利奥饼干摞起来的长度够从地球到月球来回6次。

芒果菠萝冰淇淋

冰淇淋里面有很浓的芒果香味，
冰凉爽口，果香浓郁！

原料（2~3人份）

牛奶·······················200毫升

淡奶油·······················100克

蛋黄·····························2个

菠萝·····························适量

糖粉·····························60克

芒果果酱·························适量

工具

搅拌器·····························1个

电动搅拌器·························1个

挖球器·····························1个

保鲜盒·····························1个

保鲜膜·····························适量

制作方法

1 将蛋黄与糖粉放入容器中，打发至变白，加入牛奶，用搅拌器搅拌均匀，用小火加热，煮至牛奶蛋糊呈浓稠状，离火，稍凉后隔冰水冷却。

2 淡奶油用电动打蛋器打发，分次加入牛奶蛋糊中，拌匀，放入保鲜盒中，封上保鲜膜，放入冰箱冷冻，每隔2小时取出拌匀，重复此步骤三次。

3 菠萝去皮，切成厚片，摆入盘中，淋上芒果果酱。

4 取出冻好的冰淇淋，挖球，放在菠萝上，再淋上少许芒果果酱即可。

利口酒巧克力冰淇淋

利口酒的香味，
减少了冰淇淋中的蛋腥味，
还多了一丝淡淡的独特香味。

原料（2~3人份）

淡奶油·····················200克

牛奶·······················150毫升

蛋黄···························3个

巧克力·····················120克

葡萄干······················60克

利口酒·······················适量

糖粉·························80克

工具

搅拌器·························1个

电动搅拌器····················1个

挖球器·························1个

料理机·························1个

保鲜盒·························1个

保鲜膜·························适量

制作方法

1 将葡萄干放在利口酒中浸泡1小时；巧克力切碎；蛋黄加糖粉用搅拌器搅打至淡黄色。

2 牛奶、巧克力倒入奶锅中，加热至巧克力融化，离火，再缓慢倒入蛋液中，边倒边搅拌均匀。

3 将浸泡好的葡萄干放入料理机中搅打成泥，备用。

4 用电动搅拌器将淡奶油打发，与葡萄干泥一同放入蛋奶液中，搅打均匀，装入保鲜盒中，封上保鲜膜放入冰箱冷冻，每隔2小时取出搅打均匀，重复操作3~4次，取出后挖成球形，装在盘中即可食用。

甜蜜小贴士

利口酒（Liqueur）又称为餐后甜酒，是以白兰地、威士忌、朗姆酒、金酒、伏特加等蒸馏酒为基酒，配制各种调香物质处理而成的酒精饮料。利口酒口味甜蜜，可以用来烹调、烘烤，还可制作冰淇淋、布丁等甜点。

意式咖啡冰淇淋

咖啡与冰淇淋的完美邂逅，
带你品味一份属于夏天的"阿芙佳朵"！

原料（2~3人份）

牛奶·····················300毫升

淡奶油·····················300克

蛋黄·························2个

玉米淀粉·····················15克

意式浓缩咖啡···········150毫升

糖粉·························150克

工具

搅拌器·························1个

电动搅拌器·····················1个

挖球器·························1个

温度计·························1个

保鲜盒·························1个

保鲜膜·························适量

制作方法

1 锅中倒入玉米淀粉，加入牛奶，开小火，用搅拌器搅拌均匀，用温度计测温，煮至80℃关火，倒入糖粉，搅拌均匀，制成奶浆。

2 玻璃碗中倒入蛋黄，用搅拌器打成蛋液。

3 待奶浆温度降至50℃，倒入蛋液中，搅拌均匀，倒入淡奶油，搅拌均匀，倒入意式浓缩咖啡，用电动搅拌器打匀，制成冰淇淋浆（图1）。

4 将冰淇淋浆倒入保鲜盒，封上保鲜膜，放入冰箱冷冻5小时至定形，取出冻好的冰淇淋，撕去保鲜膜，将冰淇淋挖成球状，也可放入咖啡中食用。

扫码看视频

＊意式咖啡

　　意式浓缩咖啡（Espresso）是一种口感强烈的咖啡，是以90.5℃的热水，借由高压蒸汽冲过研磨得很细的咖啡粉末来萃取出咖啡。其酸、苦、甜和谐共存，口味丰富、稳定。

可可冰淇淋

非常细腻，没有冰渣，
可可味浓郁，一口咬下去，清凉入心！

原料（3人份）

牛奶·····················300毫升

淡奶油·····················300克

蛋黄·························2个

玉米淀粉·····················15克

可可粉·······················60克

糖粉·······················150克

工具

搅拌器·······················1个

电动搅拌器····················1个

挖球器·······················1个

温度计·······················1个

保鲜盒·······················1个

保鲜膜·······················适量

制作方法

1 锅中倒入玉米淀粉，加入牛奶，开小火，用搅拌器搅拌均匀，用温度计测温，煮至80℃关火，倒入糖粉，搅拌均匀，制成奶浆，备用。

2 玻璃碗中倒入蛋黄，用搅拌器打成蛋液。

3 待奶浆温度降至50℃，倒入蛋液中，搅拌均匀，倒入淡奶油，搅拌均匀，制成浆汁，备用。

4 将可可粉倒入浆汁中，用电动搅拌器打匀，制成冰淇淋浆，倒入保鲜盒，封上保鲜膜，放入冰箱冷冻5小时至定形，取出，撕去保鲜膜，挖成球状即可。

甜蜜小贴士

可可粉具有浓烈的香气，可用于巧克力、饮品、冰淇淋、糖果、糕点等的制作。如果用糖粉制作可可冰淇淋，可与可可粉一起倒入搅拌，无须煮溶。

扫码看视频

伯爵奶茶冰淇淋

散发出一种淡淡的茶香味，
清新不腻，可口清凉。

原料（3人份）

牛奶	300毫升
淡奶油	300克
蛋黄	2个
玉米淀粉	15克
红茶水	300毫升
糖粉	150克

工具

奶锅	1个
搅拌器	1个
电动搅拌器	1个
挖球器	1个
温度计	1个
保鲜盒	1个
保鲜膜	适量
玻璃碗	1个
雪糕杯	若干

甜蜜小贴士

据说在维多利亚时期，英国的一位外交大臣葛雷伯爵在出使中国期间，学会了一种古老的红茶混合制法。回到英国后，他将制法传授给开红茶店的杰克森，经杰克森改良后成了伯爵茶。

制作方法

1 锅中倒入玉米淀粉，加入牛奶，开小火，用搅拌器搅拌均匀，用温度计测温，煮至80℃关火，倒入糖粉，用搅拌器搅拌均匀，制成奶浆，备用。

2 玻璃碗中倒入蛋黄，用搅拌器打成蛋液，待奶浆温度降至50℃，倒入蛋液中，搅拌均匀。

3 倒入淡奶油，搅拌均匀，制成浆汁后倒入红茶水，用电动搅拌器打匀，制成冰淇淋浆（图1）。

①

4 将冰淇淋浆倒入保鲜盒，封上保鲜膜，放入冰箱冷冻5小时至定形，取出冻好的冰淇淋，撕去保鲜膜，将冰淇淋挖成球状，装入雪糕杯即可。

扫码看视频

洛神冰淇淋

洛神果又名玫瑰茄，
酸酸甜甜，令人难以抗拒。

原料（3人份）

牛奶·······················100毫升

淡奶油······················150克

柠檬汁······················15毫升

糖粉·························70克

洛神果酱·····················250克

工具

搅拌器·······················1个

电动搅拌器····················1个

挖球器·······················1个

温度计·······················1个

保鲜盒·······················1个

保鲜膜·······················适量

筛网·························1个

制作方法

1 将牛奶、淡奶油和糖粉放入奶锅中，熬煮
　至糖完全融化，制成奶油糊。

2 将奶油糊用筛网过滤后倒入碗中，晾凉，
　加入洛神果酱和柠檬汁，搅拌均匀，制成
　冰淇淋液。

3 将冰淇淋液装入保鲜盒中，封上保鲜膜放
　入冰箱冷冻，每隔2小时取出冰淇淋，用叉
　子搅拌，此操作重复3～4次，至冰淇淋变
　硬即可。

4 取出冻好的冰淇淋，用挖球器挖成冰淇淋
　球，放入碗中即可。

＊洛神果

　　洛神果是台湾地区一种著名的水果，其味天然芳香、微酸，
色泽鲜艳，花果中富含花青素、果胶、果酸等营养物质。

花生甜筒冰淇淋

外表看似朴实，实则非常美味，
冰爽中透着浓郁香甜的花生味。

原料（2~3人份）

牛奶·······················300毫升

蛋黄···························4个

糖粉··························60克

蛋卷···························3个

柳橙汁·······················适量

花生酱·······················适量

打发淡奶油···················150克

冰块·························适量

工具

搅拌器·························1个

电动搅拌器·····················1个

挖球器·························1个

温度计·························1个

保鲜盒·························1个

保鲜膜·························适量

筛网···························1个

制作方法

1 蛋黄中加入糖粉，打发，再缓缓倒入加热过的牛奶中，搅拌均匀，再倒回奶锅中，边搅拌边加热至85℃，用筛网过滤，制成冰淇淋液。

2 将冰淇淋液倒入碗中，放入装有冰块的盆中冷却至50℃，分次加入打发的淡奶油，用电动搅拌器搅拌均匀，备用。

3 放入冰箱冷冻，每隔2小时取出，用叉子搅拌均匀后再冷冻，反复操作3~4次。

4 取出冻好的冰淇淋，用挖球器挖成冰淇淋球，放在备好的蛋卷上，再淋上花生酱、柳橙汁即可。

甜蜜小贴士

花生酱是一种有着浓郁香气的酱料，呈黄褐色，质地细腻，在日常生活中十分常见。人们喜欢把花生酱当作蘸料，把面包、果冻、巧克力、奶酪、苹果等蘸着它食用。

山药冰淇淋

山药松软香甜的特点在冰淇淋中得到了充分的体现，
不仅健康，还给冰淇淋增添了风味。

原料（2人份）

牛奶	300毫升
淡奶油	300克
糖粉	150克
蛋黄	2个
玉米淀粉	15克
山药泥	300克
蓝莓酱	30克

工具

搅拌器	1个
电动搅拌器	1个
挖球器	1个
温度计	1个
保鲜盒	1个
保鲜膜	适量

制作方法

1 锅中倒入玉米淀粉，加入牛奶，开小火，用搅拌器搅拌均匀，用温度计测温，煮至80℃关火，倒入糖粉，搅拌均匀，制成奶浆，备用。

2 玻璃碗中倒入蛋黄，用搅拌器打成蛋液；待奶浆温度降至50℃，倒入蛋液中，搅拌均匀。

3 倒入淡奶油，搅拌均匀，倒入山药泥，加入蓝莓酱，用电动搅拌器打匀，制成冰淇淋浆。

4 将冰淇淋浆倒入保鲜盒，封上保鲜膜，放入冰箱冷冻5小时至定形，取出冻好的冰淇淋，撕去保鲜膜，将冰淇淋挖成球状，装碟即可。

甜蜜小贴士

山药营养丰富，食用、药用价值都很高，自古以来就被视为物美价廉的补虚佳品，既可作主粮，又可作蔬菜。山药含有多糖、淀粉、蛋白质等营养物质。

扫码看视频

薄荷冰淇淋

薄荷的香味让人一下子就会喜欢上，
味道清新，微甜生津。

原料（2人份）

牛奶……………………300毫升

淡奶油…………………300克

糖粉……………………150克

蛋黄……………………2个

玉米淀粉………………15克

薄荷汁…………………200毫升

工具

搅拌器…………………1个

电动搅拌器……………1个

挖球器…………………1个

温度计…………………1个

保鲜盒…………………1个

保鲜膜…………………适量

甜蜜小贴士

　　薄荷叶是植物薄荷的叶子，味道清凉，常用于制作料理，以去除鱼及羊肉的腥味；或搭配水果及甜点，用以提味。但是需要注意的是，薄荷微苦，烹制时可适量加入蜂蜜。

制作方法

1 锅中倒入玉米淀粉，加入牛奶，开小火，用搅拌器搅拌均匀，用温度计测温，煮至80℃关火，倒入糖粉，搅拌均匀，制成奶浆。

2 玻璃碗中倒入蛋黄，用搅拌器打成蛋液。

3 待奶浆温度降至50℃，倒入蛋液中，搅拌均匀，倒入淡奶油、薄荷汁，用电动搅拌器打匀，制成冰淇淋浆（图1）。

4 将冰淇淋浆倒入保鲜盒，封上保鲜膜，放入冰箱冷冻5小时至定形，取出冻好的冰淇淋，撕去保鲜膜，用挖球器将冰淇淋挖成球状，装碟即可（图2）。

扫码看视频

第 3 部分

缤纷魔法，
多彩冰淇淋

冰淇淋与四季鲜果相融合，
带来清新舒适的口感，
以及绚烂的色彩，
让你感受味觉与视觉的双重盛宴！

芒果冰淇淋

芒果独有的香味，
让热带水果元素充满整个夏天。

原料（2人份）

芒果肉·····················250克
牛奶·······················300毫升
淡奶油·····················300克
糖粉·······················150克
蛋黄·························2个
玉米淀粉···················10克

工具

搅拌器·····················1个
电动搅拌器·················1个
挖球器·····················1个
温度计·····················1个
保鲜盒·····················1个
保鲜膜·····················适量

制作方法

1 锅中倒入玉米淀粉，加入牛奶，开小火，搅拌均匀，用温度计测温，煮至80℃关火，倒入糖粉，用搅拌器搅拌均匀，制成奶浆。

2 玻璃碗中倒入蛋黄，用搅拌器打成蛋液，加入奶浆、淡奶油，搅拌均匀，制成浆汁。

3 另一玻璃碗中倒入芒果肉，用电动搅拌器打成泥状，再倒入浆汁，搅拌均匀，制成冰淇淋浆（图1）。

4 将冰淇淋浆倒入保鲜盒中，封上保鲜膜，放入冰箱冷冻5小时至定形，取出冻好的冰淇淋，撕去保鲜膜，将冰淇淋挖成球状，装盘即可（图2）。

扫码看视频

甜蜜小贴士

芒果为著名的热带水果之一，因其果肉细腻，风味独特，深受人们的喜爱，所以素有"热带果王"之誉称。芒果的胡萝卜素含量特别高，是所有水果中的佼佼者。

草莓冰淇淋

经典款冰淇淋，
颜色梦幻，甜美爽滑。

原料（2人份）

牛奶	300毫升
淡奶油	300克
糖粉	150克
蛋黄	2个
草莓泥	400克
玉米淀粉	10克

工具

搅拌器	1个
电动搅拌器	1个
挖球器	1个
温度计	1个
保鲜盒	1个
保鲜膜	适量

制作方法

1 锅中倒入玉米淀粉，加入牛奶，开小火，搅拌均匀，用温度计测温，煮至80℃关火，倒入糖粉，搅拌均匀，制成奶浆。

2 玻璃碗中倒入蛋黄，用搅拌器打成蛋液，再加入奶浆、淡奶油，搅拌均匀，制成浆汁，备用。

3 将草莓泥倒入浆汁中，搅拌均匀，制成冰淇淋浆。

4 将冰淇淋浆倒入保鲜盒，封上保鲜膜，放入冰箱冷冻5小时至定形，取出冻好的冰淇淋，撕去保鲜膜，用挖球器将冰淇淋挖成球状，将冰淇淋球装碟即可（图1）。

扫码看视频

草莓香蕉冰淇淋

草莓的梦幻色泽，香蕉的软糯香甜，
融化在冰淇淋的清凉之中。

原料（2人份）

牛奶··························	300毫升
淡奶油··························	300克
糖粉··························	150克
蛋黄··························	2个
玉米淀粉··························	15克
香蕉泥··························	200克
草莓酱··························	100克

工具

搅拌器··························	1个
电动搅拌器··························	1个
挖球器··························	1个
温度计··························	1个
保鲜盒··························	1个
保鲜膜··························	适量

甜蜜小贴士

草莓是水果中的"皇后"，有着心形的外形、浓郁的香味以及多汁的果肉，富含果胶。这款冰淇淋还可加入适量炼奶，做出来的冰淇淋味道会更香甜。

制作方法

1 锅中倒入玉米淀粉，加入牛奶，开小火，用搅拌器搅拌均匀，用温度计测温，煮至80℃关火，倒入糖粉，搅拌均匀，制成奶浆（图1）。

2 玻璃碗中倒入蛋黄，用搅拌器打成蛋液。

3 待奶浆温度降至50℃，倒入蛋液中，搅拌均匀，倒入淡奶油、香蕉泥、草莓酱，用电动搅拌器搅拌均匀，制成冰淇淋浆。

4 将冰淇淋浆倒入保鲜盒，封上保鲜膜，放入冰箱冷冻5小时至定形，取出冻好的冰淇淋，撕去保鲜膜，用挖球器将冰淇淋挖成球状，装碟即可（图2）。

扫码看视频

双莓柠檬冰淇淋

淡淡的紫色，让人爱不释手，
酸甜的口味，让人回味无穷！

原料（2人份）

牛奶	300毫升
淡奶油	300克
糖粉	150克
蛋黄	2个
玉米淀粉	15克
柠檬汁	30毫升
草莓酱	120克
蓝莓酱	120克

工具

搅拌器	1个
电动搅拌器	1个
挖球器	1个
温度计	1个
保鲜盒	1个
保鲜膜	适量

制作方法

1 锅中倒入玉米淀粉加入牛奶，开小火，用搅拌器搅拌均匀，用温度计测温，煮至80℃关火，倒入糖粉，搅拌均匀，制成奶浆（图1）。

2 玻璃碗中倒入蛋黄，用搅拌器打成蛋液，待奶浆温度降至50℃，倒入蛋液中，搅拌均匀（图2）。

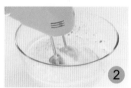

3 倒入淡奶油搅拌均匀，制成浆汁，再加入草莓酱、蓝莓酱、柠檬汁，用电动搅拌器打匀，制成冰淇淋浆，将冰淇淋浆倒入保鲜盒，封上保鲜膜，放入冰箱冷冻5小时至定形。

4 取出冻好的冰淇淋，撕去保鲜膜，用挖球器将冰淇淋挖成球状，将冰淇淋球装碟即可。

扫码看视频

橙汁冰淇淋

淡淡的橙香，
口感细腻，颜色诱人！

原料（2人份）

牛奶·······················300毫升

淡奶油·······················300克

糖粉·························150克

蛋黄···························2个

橙汁·······················100毫升

玉米淀粉·······················10克

工具

搅拌器···························1个

电动搅拌器·······················1个

挖球器···························1个

温度计···························1个

保鲜盒···························1个

保鲜膜·························适量

制作方法

1 锅中倒入玉米淀粉，加入牛奶，开小火，搅拌均匀，用温度计测温，煮至80℃关火，倒入糖粉，搅拌均匀，制成奶浆。

2 玻璃碗中倒入蛋黄，用搅拌器打成蛋液，加入奶浆，倒入淡奶油，搅拌均匀。

3 加入橙汁，拌匀，制成冰淇淋浆（图1），将冰淇淋浆倒入保鲜盒，封上保鲜膜，放入冰箱冷冻5小时至定形。

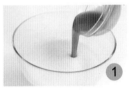

4 取出冻好的冰淇淋，撕去保鲜膜，用挖球器将冰淇淋挖成球状装碟即可（图2）。

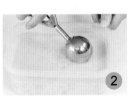

甜蜜小贴士

橙子颜色鲜艳，酸甜可口，外观漂亮，是深受人们喜爱的水果。橙汁含有酸味，可依个人喜好添加糖粉。

扫码看视频

青苹果冰淇淋

青苹果的果酸含量高，
酸酸甜甜，可口又开胃。

原料（2人份）

牛奶	300毫升
淡奶油	300克
蛋黄	2个
玉米淀粉	15克
青苹果汁	200毫升
糖粉	150克

工具

搅拌器	1个
电动搅拌器	1个
挖球器	1个
温度计	1个
保鲜盒	1个
保鲜膜	适量

制作方法

1 锅中倒入玉米淀粉，加入牛奶，开小火，用搅拌器搅拌均匀，用温度计测温，煮至80℃关火，倒入糖粉，搅拌均匀，制成奶浆，备用。

2 玻璃碗中倒入蛋黄，用搅拌器打成蛋液，待奶浆温度降至50℃，倒入蛋液中，搅拌均匀，再倒入淡奶油、青苹果汁，用电动搅拌器打匀，制成冰淇淋浆（图1）。

3 将冰淇淋浆倒入保鲜盒，封上保鲜膜，放入冰箱冷冻5小时至定形。

4 取出冻好的冰淇淋，撕去保鲜膜，用挖球器将冰淇淋挖成球状，将冰淇淋球装入雪糕杯即可。

甜蜜小贴士

苹果酸甜可口，营养丰富，是老幼皆宜的水果之一，含有果胶。

扫码看视频

菠萝树莓冰淇淋

无需蛋黄，冰箱常备，
简单的自制冰淇淋！

原料（2人份）

菠萝·····················1个
淡奶油·················150克
原味酸奶···········100毫升
树莓·····················适量
白糖·····················50克

工具

搅拌器·················1个
电动搅拌器···········1个
挖球器·················1个
保鲜盒·················1个
保鲜膜·················适量
搅拌机·················1台
筛网·····················1个

制作方法

1 菠萝从2/3的地方横切开，掏空，取出果肉，下半部分的菠萝作为盅。

2 将菠萝果肉和白糖一起放入搅拌机中，搅打至绵软。

3 用筛网过滤，取细腻的果泥，加入酸奶，用搅拌器搅拌均匀。

4 淡奶油用电动搅拌器打发，加入到拌好的果泥中，搅拌均匀。

5 再放入树莓，搅拌均匀，放入保鲜盒中，封上保鲜膜。

6 放入冰箱冷冻，每隔2小时取出搅拌，重复操作3~4次。

7 取出冻好的冰淇淋，挖成球，放入菠萝盅里即可。

甜蜜小贴士

菠萝果肉中有大量的膳食纤维，所以搅打后需要过滤掉纤维，以免影响口感。

火龙果冰淇淋

这款火龙果冰淇淋制作非常简单，味道一点也不比外面买的差。

原料（2人份）

牛奶 ····················· 300毫升

淡奶油 ····················· 300克

蛋黄 ····················· 2个

玉米淀粉 ····················· 15克

火龙果泥 ····················· 300克

糖粉 ····················· 150克

工具

搅拌器 ····················· 1个

电动搅拌器 ····················· 1个

挖球器 ····················· 1个

温度计 ····················· 1个

保鲜盒 ····················· 1个

保鲜膜 ····················· 适量

制作方法

1 锅中倒入玉米淀粉，加入牛奶，开小火，用搅拌器搅拌均匀，用温度计测温，煮至80℃关火，倒入糖粉，搅拌均匀，制成奶浆。

2 玻璃碗中倒入蛋黄，用搅拌器打成蛋液，待奶浆温度降至50℃，倒入蛋液中，搅拌均匀（图1）。

3 再倒入淡奶油、火龙果泥，用电动搅拌器打匀，制成冰淇淋浆。

4 将冰淇淋浆倒入保鲜盒，封上保鲜膜，放入冰箱冷冻5小时至定形，取出冻好的冰淇淋，撕去保鲜膜，用挖球器将冰淇淋挖成球状，装入盘中即可（图2）。

甜蜜小贴士

火龙果因其外表肉质鳞片似蛟龙外鳞而得名。红心火龙果中花青素含量较高。所以这款冰淇淋也可用红心火龙果制作。

西瓜冰淇淋

西瓜和冰淇淋可以说是绝佳搭配，
一个清新解暑，一个清凉爽快！

原料（2人份）

牛奶	300毫升
淡奶油	300克
蛋黄	2个
玉米淀粉	15克
西瓜汁	350毫升
糖粉	150克

工具

搅拌器	1个
电动搅拌器	1个
挖球器	1个
温度计	1个
保鲜盒	1个
保鲜膜	适量

制作方法

1 锅中倒入玉米淀粉，加入牛奶，开小火，用搅拌器搅拌均匀，用温度计测温，煮至80℃关火，倒入糖粉，搅拌均匀，制成奶浆。

2 玻璃碗中倒入蛋黄，用搅拌器打成蛋液；待奶浆温度降至50℃，倒入蛋液中，搅拌均匀，备用。

3 再倒入淡奶油、西瓜汁，用电动搅拌器打匀，制成冰淇淋浆（图1）。

4 将冰淇淋浆倒入保鲜盒，封上保鲜膜，放入冰箱冷冻5小时至定形，取出冻好的冰淇淋，撕去保鲜膜，用挖球器将冰淇淋挖成球状，装入玻璃罐中即可（图2）。

甜蜜小贴士

西瓜堪称"盛夏之王"，清爽解渴，甘美多汁。西瓜汁容易氧化，最好现榨现用，以保证制作出的冰淇淋口味新鲜。

樱桃冰淇淋

味道酸甜清爽，
每一口都吃得到樱桃滋味，
是今夏一定不能错过的美味！

原料（3人份）

蛋黄·······························2个
淡奶油··························200克
樱桃····························100克
牛奶··························200毫升
糖粉····························60克

工具

电动搅拌器·······················1个
挖球器··························1个
搅拌机··························1台
保鲜盒··························1个
保鲜膜·························适量
搅拌器··························1个

制作方法

1 将蛋黄、糖粉、牛奶倒入奶锅中，开小火加热，边加热边用搅拌器搅拌，直至液体微微沸腾，离火。

2 用电动搅拌器将淡奶油打至七成发，加入到降至室温的蛋奶液中，搅拌成奶糊。

3 将樱桃洗净，去蒂，放入搅拌机搅打成泥，备用。

4 将樱桃泥倒入奶糊中，搅拌匀，装入保鲜盒中，封上保鲜膜，再放入冰箱冷冻，每隔2小时，取出搅打均匀，重复操作3~4次。

5 最后一次放入冰箱冷冻6小时以上，取出后用挖球器将冰淇淋挖成球状装碗即可。

甜蜜小贴士

据说黄莺特别喜好啄食樱桃，因而又名"莺桃"。其果实小如珍珠，色泽红艳、外表光洁，玲珑如玛瑙宝石，味道甘甜而微酸。樱桃含铁量高，是老少皆宜的水果。

黑加仑山楂冰淇淋

酸甜易消化，
意想不到的顺滑！

原料（3人份）

黑加仑··················120克
山楂果酱··················80克
牛奶··················100毫升
蛋黄··················2个
打发的淡奶油··············200克
糖粉··················70克

工具

电动搅拌器··················1个
挖球器··················1个
搅拌机··················1台
保鲜盒··················1个
保鲜膜··················适量

制作方法

1 蛋黄中加入糖粉，打至浓稠发白。

2 在奶锅中将牛奶加热，不要煮开，倒入蛋黄糊中，拌匀后置于小火上，边加热边搅拌至浓稠，冷却。

3 将洗净去蒂的黑加仑倒入搅拌机中，加少许牛奶，搅打成泥。

4 将果泥倒入冷却好的蛋奶糊中，再倒入山楂果酱、打发的淡奶油，搅拌均匀，制成冰淇淋液。

5 将冰淇淋液倒入保鲜盒，封上保鲜膜，放入冰箱冷冻，每隔2小时取出搅拌均匀，重复操作3～4次，取出后用挖球器将冰淇淋挖成球状装碗即可。

* 山楂果酱

　　红彤彤的山楂，又酸又甜，受人喜爱。将山楂制成果酱后呈透明的棕红色，组织均匀、细腻，酸甜适口。

猕猴桃果酱冰淇淋

天然、新鲜、健康，
给人们最美妙的味觉享受。

原料（2人份）

牛奶·······················180毫升

淡奶油·····················200克

蛋黄·························2个

糖粉·························60克

猕猴桃果酱···················适量

工具

电动搅拌器···················1个

挖球器······················1个

保鲜盒······················1个

保鲜膜······················适量

制作方法

1 在奶锅中加入蛋黄、牛奶和糖粉搅拌均匀，制成蛋黄糊。

2 用小火慢慢加热，不停搅拌至浓稠，但是不要煮开。

3 将拌好的蛋黄糊隔冷水冷却，再加入猕猴桃果酱搅拌均匀。

4 淡奶油用电动搅拌器稍稍打发，放入搅拌好的蛋黄液中，搅拌均匀，放入保鲜盒中。

5 用保鲜膜封好，放入冰箱冷冻，每隔2小时取出，用勺子翻搅一下，重复操作3～4次。

6 将冻好的冰淇淋用挖球器挖成球，装碗即可。

甜蜜小贴士

猕猴桃原产于中国，一个世纪以前引入新西兰。它的果肉质地柔软，味道有时被描述为草莓、香蕉、菠萝三者味道的结合。因猕猴喜食，故名猕猴桃；亦有说法是因为果皮覆毛，貌似猕猴而得名。

彩色条纹冰淇淋

牛奶和肉桂的巧妙融合，
带来了味觉上的惊喜，视觉上的享受！

原料（2人份）

牛奶·······················150毫升
蛋黄··························· 2个
淡奶油······················150克
肉桂··························适量
肉桂粉························适量
树莓··························适量
糖粉··························50克

工具

电动搅拌器···················· 1个
挖球器······················· 1个
保鲜盒······················· 2个
保鲜膜························适量
盘子························· 1个

制作方法

1 在奶锅中将牛奶用小火加热，煮到锅边泛起小泡，关火冷却，再倒入蛋黄中，边倒边搅拌。

2 将混合好的蛋奶液隔水加热，搅拌均匀至浓稠。

3 淡奶油中加入糖粉，用电动搅拌器打至六分发，分几次拌入蛋奶浆中，搅拌均匀，再分成2份，其中1份放入肉桂粉，搅拌均匀，分别放入2个保鲜盒中，封上保鲜膜。

4 放入冰箱冷冻，每隔2小时取出搅拌均匀，重复3~4次。

5 取出2种冰淇淋，先用挖球器刮取适量原味冰淇淋，再刮取适量的肉桂冰淇淋，依次重复，直至呈球状，放入盘中，摆上肉桂和树莓，撒上肉桂粉即可。

树莓冰淇淋杯

巧克力味的冰淇淋太腻不想吃?
来一份透着树莓香味的水果冰淇淋吧!

原料（2人份）

淡奶油	250克
蛋黄	2个
树莓	100克
糖粉	50克
树莓酱	适量
水	20毫升

工具

电动搅拌器	1个
滤网	1个
保鲜盒	2个
保鲜膜	适量
玻璃杯	1个
温度计	1个

制作方法

1 奶锅中加入蛋黄、30克糖粉、水，搅拌均匀，隔水加热到85℃，边加热边搅拌，备用。

2 淡奶油中加入20克糖粉，用电动搅拌器打至八分发。

3 将70克树莓搅碎，用滤网过滤，放到蛋黄液中，搅匀，分2次将打发的淡奶油加到蛋黄糊中搅拌均匀，放入保鲜盒中，封上保鲜膜。

4 放入冰箱冷冻，每隔2小时取出搅打1次，重复3~4次，最后一次搅拌后倒入玻璃杯中至七分满。

5 取出冻好的冰淇淋，倒入一层树莓酱，放入剩余树莓，最后筛上剩余的糖粉即可。

甜蜜小贴士

树莓是一种聚合果，有红色、金色和黑色，含有大量的儿茶素、黄酮、微量元素及钾盐。

桑葚冰淇淋

入夏常吃桑葚，
健康又美味！

原料（2~3人份）

牛奶·······················300毫升
淡奶油·····················200克
糖粉·······················30克
桑葚果酱···················80克

工具

电动搅拌器·················1个
挖球器·····················1个
保鲜盒·····················2个
保鲜膜·····················适量

制作方法

1 在奶锅中加入糖粉、牛奶，搅拌均匀至完全融化。

2 将淡奶油隔冰块，用电动搅拌器打至六七分发，奶油捞起来呈缓慢滴落的状态，稍有流动性。

3 牛奶分3次倒入到打好的淡奶油中，边倒边搅拌均匀。

4 放入备好的桑葚果酱，搅拌均匀，放入保鲜盒中，封上保鲜膜，再放入冰箱冷冻。

5 每隔2小时拿出来充分搅拌一下，重复4次至冰淇淋变硬，用挖球器将冻好的冰淇淋挖成球即可。

甜蜜小贴士

桑树特殊的生长环境使桑果具有天然生长、无任何污染的特点，所以桑葚又被称为"民间圣果"。

石榴冰淇淋

石榴果肉晶莹透亮，脆嫩多汁，
融入冰淇淋之中，形色美艳，营养丰富！

原料（3人份）

牛奶····················300毫升

淡奶油·················300克

糖粉····················150克

蛋黄·····················2个

玉米淀粉···············15克

石榴汁·················100毫升

工具

搅拌器··················1个

电动搅拌器············1个

挖球器··················1个

温度计··················1个

保鲜盒··················1个

保鲜膜··················适量

甜蜜小贴士

石榴原产于伊朗及其周边地区，汉代时传入中国。石榴汁中会有石榴籽渣，石榴籽富含营养，可以保留；如想要口感细腻，也可过滤后再使用。

制作方法

1 锅中倒入玉米淀粉，加入牛奶，开小火，用搅拌器搅拌均匀，用温度计测温，煮至80℃关火，倒入糖粉，搅拌均匀，制成奶浆，备用（图1）。

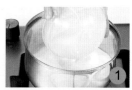

2 玻璃碗中倒入蛋黄，用搅拌器打成蛋液；待奶浆温度降至50℃，倒入蛋液中，搅拌均匀。

3 再倒入淡奶油、石榴汁，用电动搅拌器打匀，制成冰淇淋浆（图2），将冰淇淋浆倒入保鲜盒，封上保鲜膜，放入冰箱冷冻5小时。

4 取出冻好的冰淇淋，撕去保鲜膜，用挖球器将冰淇淋挖成球状，将冰淇淋球装碗即可。

四色绚烂冰淇淋

多种口味，多重惊喜，
这个夏天就是要缤纷绚烂！

原料（4人份）

牛奶·························250毫升
淡奶油·······················180克
蛋黄·····························2个
巧克力酱·······················50克
抹茶粉··························少许
草莓果酱·······················30克
糖粉·····························80克
芒果泥··························适量
柠檬汁··························适量

工具

奶锅······························1个
电动搅拌器························1个
挖球器····························1个
保鲜盒····························4个
保鲜膜··························适量
纸盘······························4个

制作方法

1 蛋黄中加入糖粉、柠檬汁，搅打均匀。

2 将牛奶倒入奶锅中，边加热边搅拌至冒小泡，关火，倒入蛋液中，边倒边搅拌。

3 将淡奶油用电动搅拌器打至七成发，倒入蛋奶液中，搅拌均匀，备用。

4 将混合液分成4份，分别放入抹茶粉、巧克力酱、草莓果酱、芒果泥，搅拌均匀。

5 分别装入保鲜盒中，隔冰水冷却至室温，封上保鲜膜，再放入冰箱冷冻，每隔2小时取出搅打，重复操作3～4次，取出后挖成球形，装在盘中即可。

柿子冰淇淋

土味柿子摇身一变成为时尚冰淇淋，
美味冰爽一夏！

原料（3人份）

牛奶·······················300毫升

淡奶油·······················300克

糖粉·························150克

蛋黄··························2个

玉米淀粉·······················15克

柿子泥························300克

工具

搅拌器··························1个

电动搅拌器·····················1个

挖球器·························1个

温度计·························1个

保鲜盒·························1个

保鲜膜························适量

制作方法

1 锅中倒入玉米淀粉，加入牛奶，开小火，用搅拌器搅拌均匀。

2 用温度计测温，煮至80℃关火，倒入糖粉，搅拌均匀，制成奶浆。

3 玻璃碗中倒入蛋黄，用搅拌器打成蛋液。

4 奶浆温度降至50℃，倒入蛋液中搅拌均匀。

5 倒入淡奶油、柿子泥，用电动搅拌器打匀，制成冰淇淋浆。

6 将冰淇淋浆倒入保鲜盒，封上保鲜膜，放入冰箱冷冻5小时至定形。

7 取出冻好的冰淇淋，撕去保鲜膜，用挖球器将冰淇淋挖成球状，将冰淇淋球装入雪糕杯即可。

甜蜜小贴士

做柿子冰淇淋，一定要用熟透的柿子，不然吃起来会涩涩的，影响口感！

扫码看视频

*柿子选购

　　选购柿子时要注意，甜柿放久了也不会变红，只会变软，要选购果皮为均匀橙红色的柿子，这种柿子熟度足够而且味道甜美。叶片则以翠绿、带有水分的较新鲜，若枯黄萎缩，代表已经摆放数天。

李子冰淇淋

酸甜的李子不仅去除了冰淇淋的腻味，
还增加了一股清新的风味。

原料（3人份）

李子	150克
淡奶油	250克
牛奶	150毫升
糖粉	50克

工具

搅拌机	1台
电动搅拌器	1个
挖球器	1个
保鲜盒	1个
保鲜膜	适量

制作方法

1 李子洗净切开，去皮、核，将果肉倒入搅拌机中，再倒入牛奶，打成果泥。

2 淡奶油中加入糖粉，用电动搅拌器打至六分发，呈还可以流动的状态。

3 将果泥倒入奶油糊中，搅拌均匀。

4 装入保鲜盒中，封上保鲜膜，再放入冰箱冷冻。

5 每隔2小时取出搅拌，重复此过程3~4次，取出冻好的冰淇淋，用挖球器挖成球，装入碗中即可。

双色冰淇淋吐司

双重口味，双重惊喜，
带给舌尖清凉之旅。

原料（2人份）

蛋黄⋯⋯⋯⋯⋯⋯⋯⋯⋯ 2个

酸奶⋯⋯⋯⋯⋯⋯⋯ 200毫升

淡奶油⋯⋯⋯⋯⋯⋯⋯ 150克

吐司⋯⋯⋯⋯⋯⋯⋯⋯⋯ 1个

巧克力片⋯⋯⋯⋯⋯⋯⋯适量

糖粉⋯⋯⋯⋯⋯⋯⋯⋯ 40克

巧克力酱⋯⋯⋯⋯⋯⋯⋯适量

工具

电动搅拌器⋯⋯⋯⋯⋯⋯ 1个

挖球器⋯⋯⋯⋯⋯⋯⋯⋯ 1个

保鲜盒⋯⋯⋯⋯⋯⋯⋯⋯ 2个

保鲜膜⋯⋯⋯⋯⋯⋯⋯⋯适量

制作方法

1 蛋黄加糖粉打发，再加入酸奶，倒入奶锅中用小火煮至黏稠。

2 将淡奶油用电动搅拌器打发，取大部分打发的淡奶油倒入蛋黄液中，搅拌均匀后分为两份，其中一份放入适量巧克力酱搅拌均匀，分别放入保鲜盒中，封上保鲜膜。

3 将两份冰淇淋一起放入冰箱冷冻，每隔2个小时取出搅拌，重复3~4次。

4 吐司纵切，切面朝上放入盘中，掏空吐司，放入挖好的巧克力冰淇淋球。

5 将原味冰淇淋挖成球，放在吐司边，挤入打发淡奶油，插上巧克力片，再淋上巧克力酱即可。

山楂蛋奶冰淇淋

山楂与冰淇淋的完美结合，
好吃到停不下来！

原料（2人份）

牛奶·······················150毫升
蛋黄···························2个
淡奶油·······················150克
橙子··························半个
糖粉···························80克
山楂酱·························适量

工具

电动搅拌器·····················1个
挖球器·························1个
保鲜盒·························2个
保鲜膜·························适量
温度计·························1个

制作方法

1 牛奶中放入蛋黄、糖粉，搅拌均匀。

2 放入奶锅，边搅拌边加热，用温度计测温直到约85℃，微开为止。

3 淡奶油用电动搅拌器打到六分发，分次放入牛奶糊中，搅拌均匀。

4 取约1/3的冰淇淋液，放入山楂酱，搅拌均匀，放入保鲜盒中，封上保鲜膜。

5 放入冰箱冷冻，2小时后取出搅拌，重复操作3~4次，最后1次搅拌后，按照原味冰淇淋、山楂冰淇淋、原味冰淇淋的顺序，铺入同一容器中，压实，继续冷冻。

6 用挖球器挖成圆球，摆在橙子上即可。

浆果酸奶冰淇淋

集美味与"美貌"于一身，
酸酸甜甜，清凉享受！

原料（3人份）

树莓	120克
草莓	120克
固体酸奶	100克
淡奶油	100克
糖粉	60克

工具

搅拌机	1台
筛网	1个
电动搅拌器	1个
挖球器	1个
保鲜盒	2个
保鲜膜	适量

制作方法

1 将树莓、草莓均洗净，放入搅拌机中，加入糖粉，搅打至口感绵软。

2 用筛网过滤去籽，制成果酱，装入大碗中，备用。

3 将淡奶油用电动搅拌器打至七八分发，放入果酱中，拌匀，加入固体酸奶，搅拌均匀，装入保鲜盒，封上保鲜膜。

4 放入冰箱冷冻，每隔2小时取出冰淇淋，用叉子搅拌，重复操作3~4次，至冰淇淋变硬，取出冻好的冰淇淋，用挖球器挖冰淇淋球，放入碗中即可。

甜蜜小贴士

购买草莓时，要选择心形、大小一致的草莓。要蒂头叶片鲜绿，有细小绒毛，表面光亮，无损伤腐烂。不要选择太大的，也不要买过于水灵或长得奇形怪状的畸形草莓。看草莓上的籽，如果是白色的，就是自然成熟的；如果是红色的，那么可能是染色的。

开心果冰淇淋

纯天然的健康冰淇淋，
甘甜清爽，好吃又梦幻！

原料（2人份）

开心果·····················100克

蛋黄···························2个

淡奶油·····················150克

牛奶·······················160毫升

糖粉·························70克

工具

搅拌机·······················1台

奶锅···························1个

筛网···························1个

搅拌器·························1个

挖球器·························1个

保鲜盒·························2个

保鲜膜·······················适量

温度计·························1个

制作方法

1 取80克开心果，放入搅拌机，打成泥。

2 奶锅中放入牛奶、淡奶油，煮至锅边出现细小的泡沫。

3 将蛋黄和糖粉放入碗中，用搅拌器将其搅拌成淡黄色。

4 将奶油糊放入蛋黄糊中，搅拌均匀，用温度计测温加热至85℃。

5 隔冰水冷却至50℃，放入开心果泥，搅拌均匀，用筛网过滤，装入保鲜盒，封上保鲜膜。

6 放入冰箱冷冻，每隔2小时取出搅拌，重复操作3~4次，至冰淇淋变硬即可。

7 取出冻好的冰淇淋，挖成球，放入杯中，点缀上剩余的开心果即可。

西红柿冰淇淋

西红柿冰淇淋，酸酸甜甜，
奶香四溢的口感，一点都不腻。

原料（3人份）

牛奶·······················300毫升

淡奶油······················300克

蛋黄··························2个

玉米淀粉······················15克

糖粉·······················150克

西红柿泥·····················300克

蛋卷··························3个

工具

搅拌器·························1个

电动搅拌器······················1个

挖球器·························1个

温度计·························1个

保鲜盒·························1个

保鲜膜························适量

甜蜜小贴士

　　西红柿外形美观，色
泽鲜艳，汁多肉厚，酸甜
可口，含苹果酸、柠檬酸
等有机酸。这款冰淇淋若
想口感更绵滑，可适当增
加淡奶油的分量。

制作方法

1 锅中倒入玉米淀粉，加入牛奶，开小火，用
搅拌器搅拌均匀，用温度计测温，煮至80℃
关火，倒入糖粉，搅拌均匀，制成奶浆。

2 玻璃碗中倒入蛋黄，用搅拌器打成蛋液；待奶
浆温度降至50℃，倒入蛋液中，搅拌均匀。

3 倒入淡奶油、西红
柿泥，用电动搅拌器
打匀，制成冰淇淋浆
（图1），倒入保鲜
盒，封上保鲜膜，放入冰箱冷冻5小时至定形。

4 取出冻好的冰淇淋，
撕去保鲜膜，用挖球
器将冰淇淋挖成球
状，将冰淇淋球装入
蛋卷中即可（图2）。

紫薯冰淇淋

淡淡的紫色十分梦幻，
让人很难抗拒！

原料（3人份）

牛奶······················300毫升

淡奶油····················300克

糖粉······················150克

蛋黄························2个

玉米淀粉···················15克

熟紫薯泥···················100克

工具

搅拌器·····················1个

电动搅拌器··················1个

挖球器·····················1个

温度计·····················1个

保鲜盒·····················1个

保鲜膜····················适量

制作方法

1 锅中倒入玉米淀粉，加入牛奶，开小火，用搅拌器搅拌均匀，用温度计测温，煮至80℃关火，倒入糖粉，搅拌均匀，制成奶浆（图1）。

2 玻璃碗中倒入蛋黄，用搅拌器打成蛋液；待奶浆温度降至50℃，倒入蛋液中，搅拌均匀。

3 倒入淡奶油、熟紫薯泥，用电动搅拌器搅拌均匀，制成冰淇淋浆（图2）。

4 将冰淇淋浆倒入保鲜盒，封上保鲜膜，放入冰箱冷冻5小时至定形，取出冻好的冰淇淋，撕去保鲜膜，将冰淇淋挖成球状，将冰淇淋球装盘即可。

甜蜜小贴士

紫薯含有丰富的矿物质，钙的含量比土豆高5倍，镁的含量相当于胡萝卜的3倍，还富含花色苷等营养物质。

扫码看视频

南瓜冰淇淋

朴素的南瓜也能闪亮华丽,
变身冰淇淋,味道一点也不逊色!

原料(2人份)

牛奶·······················300毫升

淡奶油·····················300克

糖粉·······················150克

蛋黄·························2个

玉米淀粉····················15克

熟南瓜泥···················300克

工具

搅拌器······················1个

电动搅拌器··················1个

挖球器······················1个

温度计······················1个

保鲜盒······················1个

保鲜膜·····················适量

甜蜜小贴士

可选用表面略有白霜的南瓜,这种南瓜又面又甜,十分适合制作冰淇淋。这款冰淇淋中还可加入适量炼乳,味道会更香甜。

制作方法

1 锅中倒入玉米淀粉,加入牛奶,开小火,用搅拌器搅拌均匀,用温度计测温,煮至80℃关火,倒入糖粉,搅拌均匀,制成奶浆。

2 玻璃碗中倒入蛋黄,用搅拌器打成蛋液;待奶浆温度降至50℃,倒入蛋液中,搅拌均匀。

3 倒入淡奶油、熟南瓜泥,用电动搅拌器打匀,制成冰淇淋浆(图1),倒入保鲜盒,封上保鲜膜,放入冰箱冷冻5小时至定形。

4 取出冻好的冰淇淋,撕去保鲜膜,用挖球器将冰淇淋挖成球状,装入杯中即可(图2)。

第 4 部分

清爽原味，
低脂雪芭 & 冰棒

低脂雪芭，清凉冰棒，
让你畅享夏日清凉，
品味蔬果的清新滋味！

西瓜雪芭

给西瓜增添一抹清凉，
为清凉送去一份清甜！

原料（2人份）

西瓜·······················1000克
柠檬汁·····················适量
糖粉·······················20克
水·························适量

工具

奶锅·······················1个
搅拌机·····················1台
电动搅拌器··················1个
保鲜盒·····················1个
保鲜膜·····················适量

制作方法

1 奶锅中放入糖粉和
少量水，用中高火
加热至沸腾，同时
不停搅拌成糖浆，
冷却至室温备用（图1）。

2 西瓜去皮，去籽，切成小块。

3 搅拌机中放入切
好的西瓜块（图
2），放入糖浆、
柠檬汁，搅打均
匀，倒入保鲜盒中，封上保鲜膜。

4 放入冰箱冷冻2小时，取出，用电动搅拌器
打散，再继续冷冻，重复3～4次，装入杯
中即可。

甜蜜小贴士

　　西瓜含有丰富的钾元
素，能够迅速补充在夏季
随汗水流失的钾。这款雪
芭加入了柠檬汁，去除甜
腻，更加清爽。

草莓雪芭

草莓雪芭很清爽,
有点棒冰的感觉,清新诱人!

原料（3人份）

草莓·······················500克

糖粉·······················50克

工具

奶锅····························1个

搅拌机··························1台

电动搅拌器·····················1个

挖球器··························1个

保鲜盒··························1个

保鲜膜·························适量

滤网····························1个

制作方法

1 草莓去蒂，洗净。

2 将处理好的草莓放进奶锅里，撒上糖粉，用小火煮至草莓软化，中间不停搅拌，以免粘锅，煮大约10～15分钟，关火，待凉。

3 把煮好的草莓倒入搅拌机，连皮带籽打成浆，待用。

4 用滤网过滤出草莓汁，放入保鲜盒中，封上保鲜膜，放入冰箱冷冻2小时后取出，用电动搅拌器打散，再继续冷冻，重复3～4次，用挖球器挖成球即可。

甜蜜小贴士

雪芭是用新鲜水果或新鲜果汁和糖制作而成的。非常健康。雪芭与冰淇淋的区别在于它不含任何乳制品。

黄桃雪芭

少了牛奶的甜腻，
多了黄桃的芬芳，减轻身体负担。

原料（3人份）

黄桃······················400克
糖粉······················30克
矿泉水····················少许

工具

搅拌机·····················1台
挖球器·····················1个
保鲜盒·····················1个
保鲜膜·····················适量
搅拌器·····················1个

制作方法

1 黄桃洗净切开，去皮、核。

2 将果肉、糖粉倒入搅拌机中，再倒入少许矿泉水，打成果泥。

3 装入保鲜盒中，封上保鲜膜，然后放入冰箱冷冻室冷冻，备用。

4 每隔2小时取出，用搅拌器搅拌，重复此过程3~4次即可。

5 取出冻好的果泥，用挖球器挖成球即可。

甜蜜小贴士

　　黄桃又称黄肉桃，属于桃类的一种，因果肉为黄色而得名。果皮、果肉均呈金黄色至橙黄色，肉质较紧致，密而韧。黄桃含蛋白质、糖类、钙、磷、铁、维生素、有机酸等营养元素。

黄瓜柠檬雪芭

为热情的夏天加入一点小清新元素吧，
就像黄瓜和柠檬一样，天然清爽！

原料（3人份）

黄瓜·······················500克

柠檬汁·······················少许

糖粉·························20克

水···························适量

工具

奶锅·························1个

搅拌机························1台

电动搅拌器·····················1个

保鲜盒························1个

保鲜膜························适量

刀···························1把

制作方法

1 奶锅中放入糖粉和适量水，用中高火加热至沸腾，并不停搅拌至糖完全溶解为糖浆，冷却至室温备用。

2 将黄瓜洗净，沥干水分，切成小块（图1）。

3 取出搅拌机，放入切好的黄瓜块（图2）。

4 放入糖浆、柠檬汁，搅打均匀，倒入保鲜盒中，封上保鲜膜，放入冰箱冷冻2小时，取出，用电动搅拌器器打散，再继续冷冻，重复3~4次即可。

甜蜜小贴士

黄瓜也称青瓜，属葫芦科植物，是西汉时张骞出使西域带回中原的，称为胡瓜。五胡十六国时，后赵皇帝石勒忌讳"胡"字，汉臣襄国郡守樊坦将其改为"黄瓜"。

芒果百香果雪糕

据说，百香果可散发出100多种水果的香味，
甜甜酸酸，口感层次相当丰富。

原料（2人份）

芒果·····················1个
百香果···················2个
酸奶·····················700毫升

工具

榨汁机···················1台
雪糕模具·················1套
刀·······················1把

制作方法

1 将芒果切两半，分别划网格花刀，取芒果果肉（图1）；百香果切开，取果肉。

2 将芒果肉倒入榨汁机中，加入百香果肉和酸奶，启动榨汁机，搅成雪糕浆（图2）。

3 把浆水分别装入雪糕模具中，再分别插入雪糕棍。

4 放入冰箱冷冻4小时，将冻好的雪糕取出即可。

甜蜜小贴士

芒果为著名的热带水果之一，果实含有糖类、蛋白质、膳食纤维等。矿物质、脂肪等也是其主要营养成分，另外芒果的维生素C含量也很高。

扫码看视频

* 百香果挑选

  百香果在挑选时要选颜色偏紫色的，这种果实好吃。除此之外，还可以放在手上掂一掂，重的含糖量会更大，因此，要选单个分量较重的百香果，其糖分足，口感较好。

彩虹冰棒

一种水果满足不了吃货的心，
不下雨的盛夏也要感受彩虹般的绚丽心情。

原料（5人份）

去皮芒果·······················200克
去皮猕猴桃···················200克
去皮西瓜·······················150克
细砂糖··························60克

工具

榨汁机···························1台
冰棒模具·······················1套

制作方法

1 芒果切小块，猕猴桃切小块，西瓜切小块（图1）。

2 搅拌杯内放入切好的芒果块，加入20克细砂糖，榨约20秒成芒果泥；

搅拌杯中放入切好的猕猴桃，加入20克细砂糖，榨约20秒成猕猴桃汁；洗净的搅拌杯中放入切好的西瓜块，加入剩余的细砂糖，榨成西瓜汁（图2）。

3 取出冰棒模具，打开盖子，加入适量西瓜汁，再缓慢地加入适量芒果汁，最后轻轻加入适量猕猴桃汁至九分满，插入冰棒棍，备用。

4 放入冰箱冷冻6小时至成形，取出冻好的冰棒盒，拔出冰棒即可。

奶油冰棒

记忆中的夏天，
总有一支简简单单的奶油冰棒，让心中填满爱。

原料（4人份）

淡奶油·····················50克
牛奶·····················150毫升
细砂糖·····················50克
开水·····················100毫升
草莓·····················适量

工具

冰棒模具·····················1套
搅拌器·····················1个

制作方法

1 小玻璃碗中倒入开水和细砂糖，用搅拌器搅拌均匀至融化，放置一边晾凉；草莓洗净，切成片，备用。

2 取一大玻璃碗，倒入淡奶油、牛奶，搅拌均匀，加入晾凉的糖水，搅拌均匀，制成冰棒汁（图1）。

3 取出冰棒模具，贴入草莓片，倒入冰棒汁至八分满（图2），插入冰棒棍，放入冰箱冷冻6小时至成形。

4 取出冻好的冰棒盒，拔出冰棒即可。

甜蜜小贴士

牛奶是古老的天然饮料之一，被誉为"白色血液"。牛奶是人体钙质的最佳来源，而且钙和磷的比例非常合适，更利于钙的吸收。

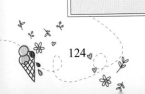

果味冰棒

自制菠萝冰棒，
简单方便，用料十足，
无添加，更健康！

原料（3人份）

菠萝汁·················· 150毫升

糯米粉·················· 8克

开水·················· 10毫升

糖粉·················· 25克

工具

冰棒模具·················· 1套

制作方法

1 开水中加入糯米粉，搅拌均匀，待用（图1）。

2 菠萝汁中倒入糯米水、糖粉搅拌均匀，至糖粉完全融化（图2）。

3 取出冰棒模具，打开盖子，装入搅匀的菠萝汁，插入冰棒棍，放入冰箱冷冻6小时至成形。

4 取出冻好的冰棒盒，拔出冰棒即可。

甜蜜小贴士

菠萝是一种热带水果，原产于南美洲巴西、巴拉圭的亚马逊河流域一带，16世纪从巴西传入中国，成为岭南四大名果之一。菠萝可鲜食，其肉色金黄，香味浓郁，甜酸适口，清脆多汁。糯米粉要分次少量加入，这样搅匀时才不容易结块。

西瓜冰棒

冰棒是夏季的解暑佳品，
再加上西瓜的清润效果，
解暑、降温效果加倍。

原料（3人份）

西瓜块·······················600克
蜂蜜·························20克

工具

榨汁机·······················1台
冰棒模具·····················1套

制作方法

1 榨汁机装上搅拌刀座，放入切好的西瓜块，盖上盖，启动榨汁机，榨约20秒成西瓜汁（图1）。

2 将西瓜汁倒入备好的玻璃碗中，加入蜂蜜，用勺搅拌均匀，制成冰棒汁（图2）。

3 备好冰棒模具，倒入冰棒汁至九分满，再插入冰棒棍。

4 放入冰箱冷冻6小时至成形，取出冻好的冰棒盒，拔出冰棒即可。

第 5 部分

甜蜜配搭，
果酱 & 蛋卷 & 饼类

冰淇淋清凉爽口，颇受喜爱，
可是，如果有果酱、蛋卷、饼类等，
与之配搭，
不仅美味升级，颜值也升级！

草莓果酱

满满的草莓果肉，
沉沉的岁月味道！

原料（6人份）

草莓·····················700克

糖粉·····················250克

香茅·······················1根

水·····················300毫升

工具

锅·························1个

刀·························1把

密封罐·····················1个

制作方法

1 草莓去蒂洗净，切小块（图1）。

2 放入锅中，加糖粉，中火按压、熬煮至出汁（图2）。

3 香茅捆好，放入锅中一同熬煮。

4 熬至草莓软烂黏稠，将香茅挑出，放凉后装入罐中密封，冷藏保存即可（图3）。

甜蜜小贴士

装果酱的容器需要密封，保证无水、无油。可以在使用玻璃罐之前，将玻璃罐放入水中煮片刻，再用厨房纸巾擦干，热罐装热果酱，不容易坏。

蓝莓果酱

自己做的果酱，每口都是满满的果肉，
紫色的果酱看起来更具诱惑！

原料（6人份）

蓝莓·······················600克

糖粉·······················120克

柠檬························1/2个

工具

锅·························1个

锅勺·······················1个

擦皮器·····················1个

密封罐·····················1个

制作方法

1 蓝莓洗净滤干，放入锅中（图1）。

2 加入糖粉，用锅勺按压至蓝莓出汁，小火熬煮至半液体状（图2）。

3 往锅中擦入柠檬皮屑，挤入柠檬汁（图3）。

4 中火煮沸，继续煮至酱汁黏稠，放凉后装入罐中密封，冷藏保存即可。

甜蜜小贴士

蓝莓，意为"蓝色的浆果"，它是多年生绿叶或常绿灌木，果实为浆果。因其具有较高的营养价值，所以风靡世界，被誉为"水果皇后""美瞳之果"。

柳橙果酱

将橙皮里面那层白色的膜处理掉，
这样皮更容易酥烂，苦味会消减。

原料（6人份）

柳橙·····················600克

柠檬·····················1/2个

细砂糖·····················200克

工具

锅·····················1个

木制锅铲·····················1个

擦皮器·····················1个

隔渣网·····················1个

密封罐·····················1个

制作方法

1 将柳橙果肉取出，切片，放入锅中，按压出汁。加入糖粉（图1）。

2 擦入柳橙皮屑，中小火熬煮加入细砂糖（图2）。

3 将柠檬汁挤入锅里继续熬煮，并不断搅拌均匀。

4 用隔渣网滤掉杂质（图3）。

5 待果酱呈浓稠状，关火，将果酱装入罐内，放入冰箱冷藏即可。

甜蜜小贴士

柳橙中含有丰富的膳食纤维、胡萝卜素、维生素C等营养成分。其气味有利于缓解心理压力和紧张情绪。

葡萄果酱

酸酸甜甜的葡萄果酱是吐司的完美伙伴，
其实，它与清凉的冰淇淋也十分相得益彰。

原料（5人份）

葡萄	500克
白兰地	15毫升
糖粉	300克
柠檬	1/2个

工具

锅	1个
木制锅铲	1个
刀	1把
密封罐	1个

制作方法

1 葡萄洗干净，沥干水分，对半切开，去籽后放入锅中（图1）。

2 锅中加入糖粉，倒入白兰地，开中火按压熬煮至出汁（图2）。

3 不断搅拌熬煮，以防粘锅。

4 挤入柠檬汁，煮至黏稠即可（图3）。放凉后装入罐中，密封，冷藏保存。

甜蜜小贴士

葡萄皮薄而多汁，酸甜味美，营养丰富，有"水晶明珠"之美称。葡萄在中国种植的历史已有2000年之久。葡萄果酱中还可以加入一些麦芽糖，做出来的果酱会更黏稠。

山楂果酱

在盛产山楂的季节，做一罐山楂果酱，
延续甜美和幸福的好滋味。

原料（3人份）

山楂·······················200克

桂花···························3克

红糖··························80克

糖粉··························80克

清水························少许

工具

锅····························1个

锅勺··························1个

刀····························1把

密封罐························1个

制作方法

1 将新鲜山楂洗干净，去除山楂核，切小块（图1）。

2 山楂块放入锅中，加入糖粉和少许清水（图2）。

3 大火煮开后转小火煮至山楂块软烂。

4 搅拌熬煮片刻后，加入红糖（图3）。

5 继续用小火熬至红糖完全化开、果酱黏稠。

6 倒入洗干净的桂花，搅拌均匀即可，放凉后装入罐中蜜封，冷藏保存。

甜蜜小贴士

常吃山楂制品有利于增加食欲。

李子果酱

酸甜多汁，营养丰富，
颜色也非常漂亮！

原料（3人份）

李子	600克
柠檬	1/2个
冰糖	200克
麦芽糖	适量

工具

锅	1个
锅勺	1个
刀	1把
密封罐	1个

制作方法

1 李子洗净，去核，切块（图1）。

2 放进锅中，加入冰糖，用中小火按压熬至出汁（图2）。

3 加入适量麦芽糖，搅拌（图3）。

4 煮至黏稠后，挤入柠檬汁调味，放凉后装入罐内密封，冷藏保存即可（图4）。

甜蜜小贴士

李子味酸，能促进胃酸和消化酶的分泌，促进胃肠蠕动，因而有改善食欲、促进消化的作用。如果没有麦芽糖可不放，但加入麦芽糖可增加成品黏稠度。

蔓越莓果酱

纯天然无添加剂，
酸酸甜甜，用途多多。

原料（3人份）

蔓越莓·······················300克

盐···························少许

冰糖·························50克

柠檬························1/2个

糖粉·························80克

清水·························少许

工具

锅··························1个

锅勺························1个

密封罐························1个

制作方法

1 蔓越莓洗净，放入淡盐水中浸泡10分钟，捞出，洗净，沥干水分。

2 将蔓越莓放入锅中，加入糖粉、冰糖、少许清水。

3 搅拌均匀后开小火慢煮，不停搅拌，让每一颗果粒都煮透。

4 煮至蔓越莓果粒完全软烂，待冰糖融化后挤入柠檬汁，搅拌均匀，煮5分钟即可。

5 放凉后，装入罐中密封，冷藏保存。

甜蜜小贴士

蔓越莓（Cranberry），又称为蔓越橘、小红莓、酸果蔓。蔓越莓含维生素C、类黄酮素等抗氧化物质及丰富的果胶。

黄桃果酱

可以加入一点蜂蜜，
增加色泽，并能衬托出桃的香味。

原料（6人份）

黄桃·······················6个

糖粉·······················15克

柠檬·······················1个

工具

搅拌器·····················1个

保鲜膜·····················适量

刀·························1把

锅·························1个

锅勺·······················1个

玻璃瓶·····················1个

制作方法

1 黄桃洗净、去皮；柠檬挤出汁水，待用。

2 削过皮的黄桃切成小方块（图1），装入碗中，撒上糖粉、柠檬汁，搅拌一下，盖好保鲜膜，放入冰箱腌制1小时。

3 从冰箱中取出腌好的黄桃，放入锅中，大火熬至沸腾，然后转小火熬制20分钟，期间需不停用勺子搅拌，并去除浮沫。

4 冷却后装入消毒过的玻璃瓶中，放冰箱冷藏即可。

甜蜜小贴士

挑选黄桃时，要挑选个头比较大、形状接近圆球形、色泽金黄的。还可以通过手感来判断，过硬的黄桃一般是尚未熟透的，过软的为过熟的，肉质极易下陷的则说明已腐烂变质。

树莓果酱

香气宜人，口感酸甜，
受到很多人的喜爱。

原料（2人份）

树莓·······················100克
细砂糖·····················50克
盐·························少许
清水·······················少许

工具

密封罐·····················1个
锅·························1个
锅勺·······················1个

制作方法

1 将树莓洗净，沥干，备用。

2 锅中注入少许清水，放入树莓、细砂糖，小火煮至树莓开始熟软。

3 用锅勺捣压树莓，搅拌至树莓完全融化。

4 待果酱变得浓稠，关火，放凉后装入罐子中密封，冷藏保存即可。

甜蜜小贴士

树莓是常见的用来制作果酱的水果之一，粒小带酸的树莓更加适合用来制作果酱。在火上煮的时间不可过长，否则果酱的色泽不佳。

蛋卷

吃冰淇淋的时候，
脆脆的底座非常吸引人。

原料（5人份）

低筋面粉·····················82克

蛋清·····················50克

细砂糖·····················50克

淡奶油·····················50克

工具

搅拌器····················· 1个

蛋卷筒模具·················· 1个

制作方法

1 将蛋清打散，加入细砂糖，用搅拌器搅拌均匀。

2 加入淡奶油搅拌均匀。

3 加入低筋面粉，搅拌均匀至无颗粒状态。

4 将蛋卷筒模具用小火两面加热，分次将面糊倒在模具中央。

5 合上盖，看到边缘冒蒸汽时，打开模具观察颜色。

6 将蛋卷皮两面翻烤成淡黄色，卷起即可。

甜蜜小贴士

颜色淡的蛋卷口感要软些，颜色深的蛋卷口感要脆些，可以根据个人口味自行调整。

枫糖松饼

枫糖浆香甜如蜜，热松饼松软可口，
搭配冰凉的冰淇淋，简直太美妙了！

原料（4人份）

鸡蛋·······················2个
低筋面粉·················100克
无盐黄油·················30克
牛奶·····················70毫升
枫糖浆···················少许
树莓·····················少许
蓝莓·····················少许
杏仁片···················少许

工具

搅拌器···················1个
平底锅···················1个
玻璃碗···················1个

制作方法

1 树莓和蓝莓洗净，待用。

2 将鸡蛋打入玻璃碗中，打散，用搅拌器搅拌均匀，待用。黄油加热融化。

3 倒入适量的牛奶，搅拌均匀，倒入融化的无盐黄油，搅拌均匀，筛入备好的低筋面粉，充分搅拌均匀。

4 平底锅烧热，倒入适量面糊（图1），煎至表面起泡，翻面，煎至两面呈焦糖色，盛出，淋上枫糖浆，点缀树莓、蓝莓、杏仁片即可。

甜蜜小贴士

如果使用不粘锅制作，可以不放油；没有枫糖浆，可以用蜂蜜代替；煎饼的时间不要太长，锅热后迅速翻面，迅速出锅，因为饼薄，很容易熟，煎的时间太长饼就不松软了。

华夫饼

有一些食物生来便是天生一对，
比如华夫饼和冰淇淋。

原料（5人份）

牛奶·····················200毫升

无盐黄油·················30克

低筋面粉·················180克

泡打粉···················5克

盐·······················2克

蛋白·····················3个

蛋黄·····················3个

细砂糖···················75克

糖粉·····················适量

工具

搅拌器···················1个

电动搅拌器···············1个

华夫炉···················1个

玻璃碗···················2个

甜蜜小贴士

华夫饼，又叫窝夫、格
子饼、格仔饼、压花蛋饼，
是一种烤饼，源于比利时，
和冰淇淋搭配相得益彰。

制作方法

1 将细砂糖、牛奶倒入玻璃碗中，拌匀，加入低筋面粉、蛋黄，拌匀，放入泡打粉、盐，搅拌均匀。

2 无盐黄油加热软化，加入做法1中，搅拌均匀，至呈糊状（图1）。

3 将蛋白倒入另一个玻璃碗中，用电动搅拌器打发，倒入面糊中，搅拌均匀（图2）。

4 将华夫炉温度调成200℃，预热，在炉中涂少许无盐黄油，加热至融化，将拌好的材料倒在华夫炉中，加热至起泡。

5 盖上盖，烤1分钟至熟，取出，切成小块，装入盘中，撒上糖粉即可。

曲奇

当曲奇遇上冰淇淋，
口感也会变得与众不同。

原料（3人份）

亚麻籽油·····················30毫升

豆浆···························25毫升

枫糖浆·························40克

盐·······························1克

低筋面粉·······················103克

泡打粉··························1克

苏打粉··························2克

核桃碎··························30克

巧克力碎·······················40克

工具

搅拌器··························1个

筛网···························1个

烤箱···························1台

油纸···························1张

搅拌盆··························1个

橡皮刮刀·······················1个

制作方法

1 将亚麻籽油、豆浆、枫糖浆、盐倒入搅拌盆中，用搅拌器搅拌均匀。

2 将低筋面粉、泡打粉、苏打粉过筛至搅拌盆里（图1），用橡皮刮刀翻拌至无干粉的状态，倒入巧克力碎、核桃碎，继续翻拌均匀，成饼干面团。

3 将饼干面团分成每个重量约30克的小面团，用手揉搓成圆形，压扁成饼干坯，放在铺有油纸的烤盘上（图2）。

4 将烤盘放入已预热至180℃的烤箱中层，烤约10分钟至饼干坯表面上色即可。

甜蜜小贴士

　　可将核桃碾碎后再使用，这样成品的口感更好。在曲奇的制作中，要尽量做到每块饼干的薄厚、大小都比较均匀，这样在烘烤时，才不会有的煳了，有的还没上色。

泡芙

泡芙与冰淇淋的完美结合，
这个夏天又有口福了！

原料（3人份）

牛奶·······················110毫升

无盐黄油·····················35克

低筋面粉·····················75克

盐·····························3克

鸡蛋···························2个

清水·······················35毫升

工具

奶锅···························1个

电动搅拌器·····················1个

裱花袋·························1个

裱花嘴·························1个

高温布·························1块

烤箱···························1台

玻璃碗·························1个

刀·····························1把

制作方法

1 将牛奶倒入奶锅中，加入35毫升清水、无盐黄油、盐，拌煮至材料融化。

2 关火后加入低筋面粉，搅成糊状，倒入玻璃碗中，用电动搅拌器快速搅拌片刻。

3 分2次加入鸡蛋，搅拌片刻，搅成顺滑的面浆（图1）。

4 把面浆装入套有裱花嘴的裱花袋里，挤在垫有高温布的烤盘上，制成数个大小相同的泡芙生坯（图2）。

5 将烤箱上、下火均调为200℃，预热5分钟，放入泡芙生坯，烘烤15分钟至熟，取出，横刀切开即可。

甜蜜小贴士

　　烤的时候不要开烤箱门，否则冷空气进入，泡芙会立即塌陷。在制作泡芙面团的时候，一定不能将鸡蛋一次性加入面糊，需要分次加入，直到泡芙面团达到合适的干湿程度。面糊太湿，泡芙不容易烤干；面糊太干，泡芙膨胀力不够。